AF591153

A VUE D'OISEAU

PAR

M. LE DOCTEUR SCHNEIDER.

METZ, IMP. J. MAYER.

A VUE D'OISEAU.

La classe des oiseaux est peut-être la plus intéressante à étudier parmi celles qui composent le règne animal, en raison de sa conformation appropriée au vol, de l'admirable instinct qui préside à la construction des nids, des émigrations périodiques de certaines espèces, du développement excessif du sentiment de la maternité, non moins que de l'éclat du plumage et de la richesse de la voix dans la plupart des genres d'oiseaux.

Si le naturaliste puise dans ses études le sentiment de la Divinité, s'il rencontre à chaque pas le témoignage d'une puissance créatrice immensément prévoyante qui étonne et confond sa pauvre intelligence, c'est surtout dans cette branche de la zoologie.

Nous ne voulons pas créer une monographie complète sur les oiseaux : cette œuvre de patiente compilation ne saurait exclure les termes scientifiques et jetterait le découragement dans l'esprit de nos lecteurs.

Nous désirons leur faire parcourir *à vue d'oiseau* un sujet d'étude des plus attrayants, en négligeant le plus possible les éléments scientifiques, au profit de la partie pratique.

En examinant la structure des oiseaux, on la trouve, dans l'ensemble comme dans les détails, destinée à favoriser le vol. C'est le genre de locomotion auquel les a particulièrement destinés la nature, pour parler le langage des philosophes, qui indiquent l'effet pour la cause, genre d'onomatopée dont nous nouc permettrons quelquefois d'user pour la facilité de la rédaction.

Néanmoins, le squelette des oiseaux, bien que destiné à une autre fin que celui des mammifères, est composé des mêmes pièces. Cet énoncé pourra surprendre les personnes étrangères aux sciences anatomiques ; elles concevront difficilement que la main de l'homme, la patte de l'oiseau et le pied du cheval renferment les mêmes parties constitutives.

Et pourtant, rien n'est plus vrai : les mêmes os se retrouvent dans l'analyse de leurs éléments, plus développés dans la main de l'homme, moins sensibles dans la patte de l'oiseau, à l'état rudimentaire dans le pied du cheval. Dans la tête du jeune oiseau on découvre à peu près les mêmes os que dans la tête d'un mammifère, d'un chien, par exemple. Ces os, que nous ne nommerons pas, pour ne pas effaroucher nos lecteurs, se confondent et deviennent indistincts, à l'âge adulte. Le bec lui-même représente les mâchoires, et ici, avouons-le, l'analogie est assez frappante, témoin l'expression allégorique de *fin bec*, appliquée à l'homme.

Les vertèbres du cou sont essentiellement mobiles et cette région est plus ou moins étendue suivant les mœurs de l'oiseau et le régime auquel il est destiné. Cette mobilité est une condition d'existence : tous les oiseaux, à part les perroquets, prenant avec le bec seulement leur nourriture, souvent composée d'insectes ou d'animaux qui se meuvent et fuient, devaient trouver dans la souplesse, la longueur et la flexibilité du cou, les conditions d'une adresse qui garantit leur subsistance.

Les échassiers, tels que le héron, la grue, la cigogne, qui cherchent leur nourriture dans la vase, sont montés sur de hautes jambes ou sortes d'échasses, et leur cou est très-long, ainsi que leur bec.

Les oiseaux de proie ou rapaces, quidéchirent les chairs résistantes de leurs victimes, ont le cou plus large qu'étendu, formé d'un squelette épais, couvert de fortes portions charnues, et par conséquent doué d'une grande énergie.

Les vertèbres du dos sont, au contraire, soudées d'une manière intime, pour donner un point d'appui solide aux ailes. Les dernières vertèbres dorsales se réunissent en un seul os qui représente une ébauche de bassin qu'on nomme croupion, en anglais *rump*, d'où est dérivée sans doute l'expression injurieuse de *rump parlement* consignée dans l'histoire d'Angleterre.

Les côtes sont unies solidement aux vertèbres et

au sternum, qui est extrêmement développé dans les oiseaux. De plus, elles sont encore unies entre elles à l'aide d'apophyses, sorte de prolongements osseux situés à leur tiers supérieur et appuyant chacun sur la côte précédente.

Une double-clavicule extrêmement résistante se relie à cet appareil osseux, en s'articulant à la fois avec le squelette de l'aile, l'os de l'épaule (omoplate) et ce vaste sternum qui garnit toute la poitrine et qui, chez les oiseaux, a reçu le nom spécial de *bréchet*.

Cet ensemble si solide garantit l'oiseau contre les luxations de l'épaule : la nature, dont nous devons à tout instant admirer la prévoyance, n'a pas voulu l'exposer à un accident irrémédiable qui le ferait tomber à la merci de ses ennemis. Cependant, toute médaille a son revers, et la conformation avantageuse du squelette de l'oiseau, au point de vue du vol, devient un inconvénient lorsque le plomb meurtrier a mis fin à ses jours et que les ligaments de sa carcasse résistent à la bonne volonté d'un écuyer-tranchant.

C'est le cas de raconter un combat singulier dont nous avons été nous-même témoin dans la salle à manger d'un membre du comice agricole. Ce récit nous permettra de tirer des conclusions sur la valeur de quelques races de poules.

La lutte a eu lieu entre un habile découpeur et un coq Brahma-Poutra. Celui-ci, après avoir été la gloire de la basse-cour, après avoir fait l'orgueil de la maîtresse de la maison, fit son désespoir en cette circonstance. On l'avait tué deux jours à l'avance, après lui avoir administré de force une cuillère de vinaigre ; on l'avait rôti suivant les meilleurs préceptes, à petit feu ; on lui avait accordé durant son passage à la broche, une sollicitude exceptionnelle, dans l'espoir de relever l'honneur de la race par ce volumineux représentant.

Cependant, quand ce fameux Saladin, qui avait fait la roue pendant un an, parut sur la table, qu'arriva-t-il ? malgré le silence qu'on avait prudemment gardé sur son origine, elle fut incontinent découverte par un convive qui reconnut l'odeur flagrante d'un Brahma-Poutra, c'est-à-dire un véritable empyreume, non un fumet.

Ce fut un autre désappointement, quand on vit la lame acérée d'un couteau frais émoulu pour la circonstance se heurter contre le défunt sans l'entamer, attaquer cette granitique carcasse sans y déterminer aucune fissure.

On prit bientôt le parti d'écarteler le gallinacé rebelle. Deux convives s'emparèrent chacun d'une patte et, en tirant en sens opposé, ils finirent par désarticuler..... les cuisses ? Allons donc ! L'échine fut brisée, et l'un des bras qui avaient opéré cette laborieuse fracture fut emporté par l'effort et renversa deux bouteilles.

Il fallait néanmoins recueillir le fruit d'un labeur si obstiné, et il fut décidé à l'unanimité qu'on essaierait de goûter du coriace volatile. Le blanc fut soigneusement recueilli, après avoir préalablement écarté la peau qui le recouvrait. Elle n'avait pas moins de

3 millimètres d'épaisseur ; c'était une véritable enveloppe de pachiderme, une robuste dépouille susceptible d'être convertie en cuir fort. Un vénérable vieillard qui faisait partie des convives ne voulut pas compromettre ses dernières dents au contact de l'indélébile comestible.

Que conclure de ce fait ? que les Anglais, qui ont importé en Europe toutes sortes de poules venant de l'Asie et des iles, feraient mieux de nous emprunter, en échange des vaches de Durham et des moutons, south-downs, nos précieuses poules de Crève-cœur du Mans, de la Flèche, etc. Quand la chair de nos volailles a la finesse, la blancheur, la saveur exquise, pourquoi laisser empoisonner nos basses-cours par l'envahissement des Brahma-Poutra et des Cochinchinois, c'est-à-dire d'échassiers chargés de squelette et dépourvus de chair? Nous qui nous piquons avec raison d'avoir le palais délicat, nous qui préférons les morceaux fins aux grosses pièces, donnons au moins la préférence à nos poules indigènes.

Nous avons dit que c'est le bec surtout qui sert à saisir les aliments. Cet organe subit des modifications infinies ; il revêt la forme d'une pointe, d'une spatule, de ciseaux. Ici, il est surmonté d'une production inorganisée qui fatigue l'animal par son poids et le force à reposer la tête sur son dos pendant le sommeil ; là, c'est un instrument de préhension, ailleurs, un cône solide propre à casser les grains, une aiguille utile pour fouiller la terre ou saisir les poissons dans leur élément, une arme puissante dont les bords tranchants et dentés divisent aisément la chair. Un oiseau étant donné, il suffit d'examiner son bec pour reconnaître le régime qui lui est propre, le genre auquel il appartient.

On pourrait en dire autant des pattes, dont la conformation particulière est toujours appropriée au mode de locomotion de l'oiseau. C'est ainsi que les oiseaux nageurs ont la patte courte et dirigée vers l'extrémité postérieure du corps, ce qui fait qu'ils marchent lourdement, en se dandinant. Par compensation, ils sont remplis de grâce quand ils voguent, pareils à de gracieux esquifs.

Il semblerait, en effet, qu'on a construit les vaisseaux d'après leur forme générale et la disposition de leur squelette. Leurs pattes valent les meilleures rames ; la structure de leur poitrine imite la carène d'un navire, et cette admirable machine, jamais sujette à sombrer, disparait à volonté et navigue dans la profondeur des eaux, quand l'œil vigilant du pilote a signalé l'approche de l'ennemi.

Qui n'a subi un vif étonnement en voyant certains oiseaux, des corbeaux, par exemple, dormir paisiblement, la tête sous l'aile, à la cime des plus hauts peupliers, pendant que la bise se déchaînait furieusement sur leur scabreux asile? Ou plutôt, qui n'a pas cru qu'une prudence excessive déterminait ces pauvres bêtes à endurer l'insomnie et le froid, pour se mettre à l'abri des surprises?

Eh bien, il n'en est rien ; si le sommeil du corbeau est quelquefois agité, il est toujours profond.

La nature a pourvu à toutes les conditions d'existence qu'elle a imposées aux oiseaux, avec leurs mœurs. Elle a eu soin de placer sur la longueur de leurs pattes, à la partie postérieure, un muscle qui va se diviser inférieurement en deux tendons correspondant l'un au pouce, l'autre aux doigts. Pendant le sommeil, la pression du corps fait rétracter les tendons; par suite, le pouce et les doigts se rapprochent, la patte se ferme, elle étreint solidement la branche sur laquelle repose l'oiseau, et celui-ci, sans faire aucun effort, s'y trouve parfaitement fixé.

En ce qui concerne l'action du froid, tous les oiseaux y échappent aisément. Tandis que la structure du corps humain expose incessamment l'homme au refroidissement de la tête et des pieds, qu'il ne peut rapprocher du corps pour les réchauffer, les quadrupèdes ont généralement la faculté de se rouler en manchon, et les oiseaux fourrent la tête sous l'aile, pendant que les pattes rentrent dans l'épais duvet qui garnit leur corps.

Quand le froid est extrêmement vif, l'oiseau fait la *grosse plume*, c'est-à-dire qu'il dilate sa couverture, il laisse y pénétrer l'air qui, comme l'enseigne la science, est un mauvais conducteur du calorique. Les personnes les plus étrangères aux éléments de Physique savent que la quantité de plumes nécessaires à la confection d'un duvet se réduit à un très-petit volume, quand elles sont tassées. Or, un duvet qu'on aplatirait perdrait la plus grande partie de son pouvoir calorifique : il la doit, en effet, à l'énorme quantité d'air interposée dans les plumes qu'il contient. De même, l'oiseau qui redoute le froid et qui n'a pour se protéger qu'une enveloppe très-légère, jouit du pouvoir de la boursoufler à volonté pour en augmenter le volume.

Son plumage, d'ailleurs, est plus considérable après la mue d'automne, à l'époque où tous les animaux échangent leur poil d'été contre une épaisse fourrure.

Seul dans la création, l'homme n'est pas secouru par la nature; Dieu l'a livré nu aux intempéries des saisons. En lui accordant le privilége spécial de l'intelligence, il l'a déshérité sous d'autres rapports, pour le rendre industrieux par nécessité.

Dépourvus d'armes naturelles, nos pères ont dû triompher d'ennemis innombrables et puissants; faibles et sans abris, ils sont parvenus à défier les éléments et les asservir à leur volonté.

L'eau, la vapeur, le feu, l'électricité sont tributaires des conceptions de la pensée humaine.

Originairement délicat et impuissant, l'homme est devenu le maitre de la création.

Les plumes de l'oiseau pénètrent dans la peau et y trouvent un corps glanduleux destiné à les nourrir. Leur racine est creuse, terminée par un pertuis pour l'admission des vaisseaux sanguins. Ceux-ci sont nombreux et considérables, et les personnes qui plument de jeune oiseaux, pigeons ou poulets, sont à même de remarquer que les plumes des ailes ou de la queue renferment une grande quantité de sang. Cela devait être: les plumes sont très-riches en azote, leur puissance comme engrais est reconnue. Elles sont donc le produit d'un travail organique actif, et il est facile de s'en apercevoir pendant la mue, qui rend les oiseaux tristes et abattus.

Les plumes des ailes sont appelées *rémiges*, parce qu'on les a comparées à des rames, et que réellement elles remplissent dans l'air le même office que les rames dans l'eau. Celles de la queue se nomment *rectrices;* elles constituent le gouvernail avec lequel l'oiseau dirige son vol.

Il est assez intéressant de l'étudier, quand il se meut dans l'air. On ne tarde pas à reconnaître que pour exécuter ses différentes évolutions, il se guide exactement d'après les principes de l'équitation. Il semblerait qu'il est bridé et qu'une main invisible allonge, racourcit ou rassemble les rênes, suivant l'occasion. Quand il s'est mis au repos et qu'il veut reprendre son essor, il se prépare, il se rassemble, son attitude indique qu'il va partir. Puis, au moment où il veut s'élever, il commence par sauter; ensuite il étend les ailes et frappe l'air à droite et à gauche. Dès lors, son corps s'appuie sur un double levier, le cou s'étend pour fendre le milieu fluide, les rectrices s'étalent pour augmenter la surface de résistance et diriger le vol, et parfois les pattes se déjettent en arrière pour remédier à l'insuffisance du gouvernail.

Il travaille à gauche ou à droite, il double, il change de main, il accomplit des voltes et des demi-voltes, il travaille en cercle, exactement comme le cheval de manége le mieux dressé.

Au terme d'un vol rapide, il a soin de ralentir son mouvement quelque temps à l'avance, et dans ce but, il déploie sa queue en éventail.

Chez les oiseaux, le vol est favorisé par le poids spécifique du corps. Avec un appareil extrêmement perfectionné, l'homme volerait encore difficilement, à cause du poids de sa masse. Aussi a-t-il abandonné toutes les tentatives qui avaient pour but une locomotion aérienne.

La surface inférieure des poumons de l'oiseau est criblée de trous ; ce sont les orifices des bronches, qui s'abouchent avec des cavités cellulaires qui distribuent l'air qui a traversé les poumons, dans toutes les parties du corps, dans les chairs, dans les os, dans les plumes. Cette particularité d'organisation concourt d'autant plus à alléger le poids de l'animal, que l'air qui a ainsi parcouru les tissus se trouve moins dense que l'air extérieur, par suite de l'élévation de sa température. De plus, cette masse d'air disséminée dans le corps de l'oiseau augmente l'absorption d'oxigène et par conséquent la chaleur animale, qui monte jusqu'à 43° centigrades, tandis que celle de l'homme n'est que de 38°.

La réunion de toutes ces circonstances explique la faculté que possèdent quelques grands voiliers, comme le corbeau, de voyager et de séjourner dans les régions glacées de l'atmosphère septentrionale, dans laquelle ils pourvoient tranquillement à leurs besoins. L'envergure des ailes est considérable dans les espèces voyageuses. Quelques oiseaux volent avec une vitesse extraordinaire ; on en connaît qui font un trajet de 20 lieues à l'heure, et plusieurs, dit-on, ont été des îles Canaries en Espagne dans l'espace de seize heures. Buffon cite l'histoire du faucon de Henri II qui, s'étant emporté après une canepetière à Fontainebleau, fut pris le lendemain à Malte et reconnu à l'anneau qu'il portait. C'est une rapidité que l'industrie de l'homme n'a pas encore égalée et n'égalera sans doute jamais. Il est vrai que les wagons des chemins de fer peuvent parcourir jusqu'à 30 lieues à l'heure, mais un pareil tour de force est environné de dangers formidables qui commandent de s'en abstenir.

On comprend que, doués d'un poids spécifique peu considérable et d'une force musculaire énorme, les oiseaux puissent facilement se soutenir dans l'air. Le vol les fatigue tellement peu, que c'est ordinairement quand ils volent qu'ils chantent le plus. L'alouette gazouille à 30 mètres au-dessus du champ où repose l'espoir de sa postérité. Le corbeau croasse surtout dans les hautes régions. La perdrix n'attend pas toujours qu'elle se soit posée pour rappeler. Le martinet remplit l'air de ses cris; les oies, les cigognes, les grues accomplissent leurs migrations au sein d'un sempiternel concert dont les notes discordantes tombent jusqu'à terre où elles nous avertissent de leur passage et, en même temps, de l'approche des gros froids.

* Ce que nous avons dit sur la puissance du vol chez les oiseaux nous amène directement à parler de la perfection de leur vue. Ici encore nous trouvons les moyens en harmonie avec le but. La vue est incontestablement le sens le plus subtil des oiseaux. Dans aucune espèce la cavité orbitaire et les yeux qu'elle contient ne sont aussi grands.

Il en résulte que l'oiseau de proie guette du haut des airs sa victime qui ne peut soupçonner son voisinage et fond sur elle avec la rapidité d'une flèche et avec une précision mathématique.

Mais si Dieu n'avait donné une telle perfection de l'organe visuel qu'aux oiseaux rapaces, pour favoriser leurs instincts de destruction, nous saurions contenir notre admiration. Au contraire, la Providence, éternellement juste et prévoyante, a voulu que les oiseaux de toutes sortes, grands et petits, pussent découvrir au loin le grain ou l'insecte qui doit les nourrir. Mieux que cela, elle nous fait trouver parmi la gent ailée une multitude d'auxiliaires actifs qui veillent à la conservation de nos récoltes.

Les hommes les plus compétents en histoire naturelle et en agriculture reconnaissent l'importance des oiseaux, au point de vue agricole. En effet, il existe en France plusieurs milliers d'insectes doués d'une fécondité désastreuse et vivant tous aux dépens des végétaux les plus précieux. Le blé, le colza, les racies, la vigne, les arbres et le robuste chêne lui-même, subissent, de la part de ces innombrables ennemis, des attaques funestes à leur prospérité.

Frappé d'impuissance en présence de tels ennemis, l'homme a le plus grand intérêt à conserver les oiseaux que la Providence semble avoir créés et organisés tout exprès pour vivre aux dépens des insectes. La plupart de ceux-ci, par l'exiguité de leur volume, échappent à l'œil du cultivateur et ceux qu'il aperçoit fuient aisément sa main trop lente à les frapper.

M. Florent Prévost a fait de remarquables recherches dont le résultat, communiqué au sénat, en 1861, fait ressortir les faits suivants: Il y a dans notre pays 330 espèces d'oiseaux. Parmi elles, quelques-unes sont nuisibles à l'agriculture, en ce sens qu'elles détruisent les oiseaux; tels sont la plupart des *rapaces diurnes* (oiseaux de proie) et quelques *omnivores*, tels que les corbeaux, les geais, les pies. A peu près tous les individus de ces deux ordres malfaisants devraient être l'objet d'une guerre à outrance et en toute saison. Nous reviendrons là-dessus un peu plus loin. Il faudrait en excepter, il est bon de le savoir, la buse commune et la buse bondrée, dont chaque individu détruit environ 6000 souris par an; en outre, et plus particulièrement la corneille *moissonneuse*, qui détruit énormément de vers blancs.

Toute la classe des oiseaux *granivores*, à l'exception du pigeon, vit à la fois de grain et d'insectes; le mal fait d'un côté est compensé de l'autre. Cependant, M. Florent Prévost et quelques autres naturalistes prétendent que la somme des avantages dépasse de beaucoup celle des inconvénients. Il est certain, que le moineau, le type du pillard, après avoir été proscrit de quelque pays, d'Angleterre entre autres, où sa tête était mise à prix, y a été ramené ; les primes qu'on avait fixées pour le détruire furent remplacées par des primes plus fortes destinées à le rapatrier.

Puisque l'expérience a prononcé sur la valeur du moineau, nous pourrions à la rigueur nous dispenser de faire une observation qui milite en sa faveur. Cependant, il est bon de détruire le doute qui peut rester dans quelques esprits sur la vertu insecticide de ce granivore, en faisant observer que la période durant laquelle il peut se nourrir de blé sur pied, au détriment du cultivateur, dure à peine un mois ; passé ce temps, le moineau glane et ne fait plus de tort, et pendant la majeure partie de l'année il fait une guerre acharnée aux insectes, ceux-ci forment l'unique pâture de ses petits, qui naissent dans une saison où les céréales sont vertes. La couvée d'un moineau engloutit 400 insectes par jour.

Il y a une autre classe d'oiseaux qui nous rendent des services gratuits, en détruisant des animaux nuisibles qui composent leur nourriture exclusive, tels sont les oiseaux de proie nocturnes (chouettes, hiboux, etc.) ; « l'agriculture devrait les bénir ; car, dix fois mieux que les meilleurs chats, et sans menacer comme ceux-ci le rôt et le fromage, les oiseaux de cet ordre font une guerre acharnée aux rats et aux souris, si funestes aux récoltes engrangées, et détruisent dans les champs d'innombrables quantités de campagnols, de mulots, de loirs et de lerrots. » Dans l'espace de trois semaines, Buffon fit prendre plus de 2000 de ces petits rongeurs dans une pièce de 40 arpents.

Il y a des oiseaux purement insectivores, tels que l'engoulevent, le pivert, les hirondelles, les becs fins (rossignols, fauvettes, rouge-gorge, bergeronnettes, pouillots, roitelets, etc.). Il faut chaque jour, à une couvée de troglodytes, de fauvettes, de mésanges, plusieurs centaines de chenilles. Dans une chambre, un rouge-queue peut prendre 600 mouches en une heure. Vingt bergeronnettes purgent de charançons un grenier à blé. L'allouette s'attaque aux vers, aux grillons, aux sauterelles, aux œufs de fourmis, à la cécidomye et aux élatérides.

Les ravages que les insectes causent sur les végétaux sont considérables et justifient cette parole d'un contemporain : « l'oiseau peut vivre sans l'homme ; mais l'homme ne peut vivre sans l'oiseau. » Depuis quelques années seulement la loi proscrit une multitude d'engins à l'aide desquels on détruisait sur le sol de la France une innombrable quantité d'oiseaux, et déjà la vie semble renaître dans nos bois, nos jardins, nos vergers, avec le gazouillement des petits oiseaux. Nous nous en réjouissons comme naturaliste, tandis que les gourmets regrettent ces brochettes appétissantes dont ils paraient leur table.

Cependant, il faut le dire, tandis que l'emploi des

filets, des sauterelles, etc., est effectivement délaissé, la destruction des nids poursuit son cours, bien que également prohibée. Grâce au zèle et à l'intelligence des gardes champêtres, l'école buissonnière continue d'être en vigueur. On nous a cité un garde qui croit que la conservation des oiseaux, dont on se préoccupe depuis plusieurs années, n'a pour but que de contribuer à l'alimentation publique. Imbu de cette erreur, il tolère assez volontiers que les enfants pillent les nids des petits oiseaux, de ceux précisément qu'il importe le plus de conserver pour la destruction des insectes, tandis qu'il ne permet en aucune façon que l'on touche aux corbeaux, aux geais, aux pies !

Ne serait-il pas opportun d'éclairer les gardes champêtres, mieux encore, de les armer d'une escopette, durant les mois de mars avril et mai, avec ordre de massacrer impitoyablement les pies sur le nid ? Ces voraces ennemis des petits oiseaux foisonnent dans nos campagnes d'une manière inquiétante. Ils dévorent sans façon les œufs, les jeunes oiseaux et leur mère par dessus le marché. Les nids les mieux cachés n'échappent pas à leur convoitise et ils exercent leurs déprédations jusque sur les jeunes perdreaux et les petits poulets.

L'organe visuel de l'oiseau est compliqué. Ses diamètres sont mobiles ; il les étend ou les raccourcit à volonté, en sorte que le sens de la vue demeure net et précis, malgré la variation des distances. Ceci nous explique comment le rapace qui plane dans les nues, sans loupe ni microscope, fond, sans manquer son coup, sur le mulot blotti sous une motte de terre, sur le lézard qui glisse dans l'herbe, ou sur le bec-figue immobile dans le gazon. L'œil de l'oiseau se trouve naturellement doté des avantages que l'industrie humaine devait découvrir dans les instruments de physique.

Cette vue perçante, qui assure à l'oiseau sa subsistance, est abritée contre les causes morbides par une sorte de voile qui sert à la protéger même contre le soleil. La *membrane clignotante* s'étend à volonté sur l'œil, elle amortit la vivacité des rayons solaires et permet à l'oiseau de suivre sa proie ou de distinguer l'ennemi, dans la direction même du soleil.

A chaque espèce la nature a donné un sens plus développé que les autres, suivant l'organisation de l'animal et le rôle qu'il est appelé à jouer. A l'oiseau la vue ; au quadrupède, l'odorat ; à l'homme, le toucher.

En accordant aux oiseaux l'étendue et la puissance des rayons visuels, le Créateur les a quelque peu déshérités sous d'autres rapports. Ils entendent bien, mais ils ne paraissent pas jouir d'un appareil olfactif très-développé, et la sécheresse de la muqueuse buccale et de la langue les dispose peu à la finesse du goût.

Cependant, ils n'en paraissent pas privés au point qu'on le pense généralement ; il est vrai qu'ils avalent leur nourriture sans la mâcher, mais il est facile de voir qu'ils choisissent leurs aliments. Donnez à des poules un mélange de blé, de seigle, d'orge et d'avoine ;

elles mangeront d'abord le blé, puis l'orge et l'avoine, enfin le seigle. Nous avons observé souvent des poules, des pigeons, des perdreaux et des petits oiseaux qui rejetaient le grain qu'ils venaient d'introduire dans la cavité buccale. Il est probabe qu'ils ne se ravisaient qu'après avoir été avertis par la sensation du goût.

Le toucher des oiseaux est peu délicat, en raison de la nature de leurs téguments : le corps, couvert de plumes ; les pattes, enfermées dans des étuis écailleux, et le bec, composé de matière compacte, sont peu sensibles.

Le larynx est double : une première portion, située à l'entrée du tube respiratoire, ne sert qu'à la respiration ; une deuxième, située plus bas, est une sorte de renflement, une boite garnie de tous les éléments anatomiques propres à la phonation et combinés si avantageusement que l'oiseau peut modeler les sons de la manière la plus variée. La souplesse de l'organe phonateur des oiseaux leur permet d'imiter la voix humaine, ce qui a valu à quelques-uns de prononcer des bons mots qu'ils ne comprenaient pas.

A ce sujet, il est tout naturel de rappeler ce qui s'est passé lorsque l'empereur Auguste victorieux rentra à Rome. Une foule de flatteurs avaient élevé des oiseaux auxquels ils apprenaient un compliment pour le débiter au triomphateur romain. Celui-ci, littéralement assiégé par une armée de complimenteurs ailés, finit par demander grâce devant un artisan qui portait sur son pouce un corbeau dressé pour la circonstance. Cet oiseau avait été longtemps réfractaire aux leçons de son maitre, et toutes les fois que le cordonnier avait lieu de s'impatienter, il disait : j'ai perdu mon temps et mon huile. Or, il se trouva qu'au moment où Auguste imposait silence au corbeau élevé avec tant de peine, l'oiseau se mit à répéter cette parole si souvent proférée avec humeur par son propriétaire : j'ai perdu mon temps et mon huile. Le vainqueur fut vaincu ou désarmé, comme on voudra, et le cordonnier eut sa récompense.

Sans remonter à une époque aussi éloignée, nous pouvons citer l'heureux à propos avec lequel le sansonnet de l'ancien portier du collége de Thionville apostropha un de nos camarades. C'était au moment même où le roulement du tambour invitait les élèves à entrer en classe. Tandis que notre condisciple, oubliant cet avertissement sans frais, s'attardait étourdiment auprès du sansonnet qu'il agaçait, celui-ci lui cria subitement : à l'école, polisson ! C'était pour la première fois qu'il s'avisait de répéter cette parole qu'il entendait tous les jours sortir de la bouche du *père D.....*

La nature semble avoir distribué ses bienfaits d'une manière équitable entre les différents oiseaux. Nous remarquons, en effet, que ceux à qui elle a donné la beauté du plumage ont une voix insignifiante ou désagréable : tels sont le paon, les faisans, les perroquets.

Il n'y a pas longtemps qu'un prédicateur célèbre

disait que les toilettes des dames de notre époque rivalisent avec le plumage éclatant de ces oiseaux. Cette rivalité est sans doute ruineuse, mais au moins, félicitons-nous de ce que le Ciel a donné à nos compagnes, en compensation d'une robe dispendieuse, une voix douce et persuasive.

Le rossignol, cet infatigable et délicieux chanteur, la fauvette, avec ses douces mélodies, ces deux oiseaux au plumage terne sont véritablement les chefs d'orchestre de nos bosquets. La fauvette n'est point parée, hormis celle qui chante sur les théâtres.

Le linot, qui est certainement un musicien de mérite, revêt un plumage simple. Même observation pour le roitelet, qui nous fait entendre quelques phrases agréables.

Le chardonneret, déjà plus richement habillé, est un instrumentiste médiocre. Quoi qu'il en soit, cet intéressant galérien sait conquérir la sympathie de ses gardiens, et la chiourme qui surveilla ses fers n'est pas bien terrible, car elle a des attentions pour le détenu, et récompense sa docilité par une foule de douceurs.

Le pinson, le verdier, le bruant sont pourvus de couleurs plus on moins vives, et ils n'ont pas la moindre notion de l'art musical.

L'estomac des oiseaux est multiple. Les aliments séjournent en premier lieu dans un réservoir où ils sont préalablement ramollis, macérés : c'est le jabot. De là, ils passent par une seconde poche au sein de laquelle s'opèrent les premiers phénomènes de la digestion proprement dite. Ce deuxième sac conduit au gésier, c'est-à-dire à l'estomac.

Le gésier est un muscle extraordinairement puissant, tapissé, chez les granivores, d'une membrane interne de couleur grisâtre. Cette membrane est extrêmement dure ; les cuisinières ont soin de la séparer quand elles apprêtent le gésier des volailles.

Cet organe se continue avec les intestins, qui atteignent leur plus grande longueur dans les ordres caractérisés par un régime frugivore ou insectivore. Nous trouvons ici la même loi que dans l'organisation des mammifères : plus la nourriture est animalisée, riche en principes nutritifs, plus l'intestin est court, et *vice versâ*. Les animaux carnassiers et les oiseaux rapaces ont peu de boyaux ; la chair dont ils se nourrissent est rapidement digérée. Les animaux herbivores, comme les oiseaux qui mangent des grains, des insectes, des baies, de la verdure, ont les intestins suffisamment longs pour se prêter à la digestion lente de substances médiocrement nutritives.

Cette différence dans le régime fait non-seulement varier les dimensions des intestins, mais encore la structure de l'estomac. Le chien, le loup, le lion, le chat, le renard sont pourvus d'un estomac simple, qui suffit pour la digestion de la chair animale. L'aigle, le vautour, le grand-duc, l'émerillon ont un estomac à parois minces, membraneuses, pour une fin analogue. D'autre part, le bœuf, le mouton et tous les ruminants ont quatre poches ou estomacs dans lesquels les herbages sont en quelque sorte préparés pour la digestion. Le pigeon, la poule, le moineau, possèdent trois cavités où s'opère la décomposition lente de leur nourriture végétale.

Partout et toujours, nous trouvons les moyens appropriés au but, et là où le régime de l'animal est mixte, son organisation l'est aussi. C'est ainsi que le corbeau, la pie et tous les oiseaux omnivores qui puisent indifféremment la source de leur existence dans le règne animal ou parmi les végétaux, sont pourvus d'un appareil capable de digérer tous les aliments.

Chez les granivores, l'épaisseur des parois de l'estomac est si considérable, et la membrane cartilagineuse qui le tapisse à l'intérieur est tellement résistante, que le gésier joue le rôle d'un appareil masticateur. L'autruche avale très-souvent des morceaux de bois et des fragments de métaux, des pierres, du verre et toutes sortes de débris entassés uniquement pour lester l'estomac et donner prise à ses contractions énergiques. On a trouvé dans l'estomac d'une seule autruche 70 pièces de monnaie qui étaient usées aux trois quarts et rayées par le frottement. On a également découvert dans un estomac d'autruche un clou implanté dans ses parois.

Ce n'est donc pas sans raison que les gros mangeurs passent pour avoir des estomacs d'autruche. Il n'y a pas longtemps qu'on a trouvé, à l'abattoir de Thionville, une montre et douze sols dans l'estomac d'un taureau, et un clou fixé dans celui d'une vache. On a supposé que le taureau s'était fourragé pendant la nuit avec le pantalon du garçon d'écurie. Quoi qu'il en soit, voilà des faits qui démontrent que dans l'espèce bovine il y a véritablement des estomacs d'autruche.

Des dindons auxquels on fait avaler des noix entières les digèrent avec la plus grande facilité. Pendant cette laborieuse digestion, une personne qui applique l'oreille sur la région de leur estomac entend distinctement les craquements qui s'y produisent. Le gésier du dindon broie les noix comme un puissant concasseur.

Chez les oiseaux granivores, l'estomac n'est peut-être rien autre chose qu'un instrument de mastication. Les aliments contenus dans cet organe ne sont imprégnés que d'une très-petite quantité de liquide, contrairement à ce qui se passe dans l'estomac des mammifères. Il semblerait que les opérations de la digestion proprement dite ne s'opèrent chez l'oiseau granivore, que quand les aliments sont parvenus dans l'intestin.

Nous devions entrer dans ces détails préliminaires pour aborder la question de l'élevage, sur laquelle ils nous paraissent jeter une vive lumière. En effet, toute personne qui a élevé des faisans, des perdreaux, des cailles, des pintades, des dindons, sait que ces animaux réclament dans le jeune âge une nourriture toute spéciale composé de substances délicates et d'une assimilation facile. Le blé est certainement une riche nourriture ; mais dès qu'on met ces jeunes oiseaux à l'usage exclusif du blé, on les voit devenir tristes et maigrir. A l'âge de six semaines ou deux mois environ, ils peuvent continuer de grandir et de se développer à merveille, rien qu'avec du grain.

Comment se fait-il que quelques semaines seulement puissent modifier aussi profondément la nature des élèves ? Nous avons désiré apporter quelque lumière dans cette question, nous l'avons étudiée le scalpel à la main, et voici le résultat de nos recherches. Chez les jeunes oiseaux granivores, la membrane interne du gésier est molle, dépourvue de cette consistance remarquable que nous avons constatée chez l'oiseau adulte ; les parois du gésier elles-mêmes sont minces et manquent de fermeté. Ces dispositions organiques changent avec l'âge ; à une enfance difficile succède une période où le jeune granivore, pourvu enfin de cet estomac charnu qui est l'apanage de son espèce, digère les grains les plus durs.

Chose remarquable! En même temps que son organisation se modifie, ses goûts changent. Dans les premiers jours de son existence, le faisan n'accepte que des œufs de fourmis ou des insectes ; au bout d'une semaine environ, on peut introduire dans sa provende un mélange d'œufs durs et de salade finement hâchés. Vers le quinzième jour, il commence à prendre sa petite part du blé qu'on donne à sa mère-nourricière. A trois semaines, on peut ajouter au mélange d'œufs durs et de salade une certaine quantité de pain trempé et émietté, et le faisan aura besoin de cette nourriture spéciale jusqu'à l'âge de deux mois et demi. Il est vrai qu'on en diminue la quantité de jour en jour, suivant les progrès de la croissance.

En tout cas, les œufs de fourmis sont nécessaires jusqu'à l'âge de cinq, six semaines et même deux mois, suivant les espèces, et en quantité de plus en plus faible, suivant l'âge. Au bout de vingt-cinq jours, les perdreaux peuvent se passer d'œufs de fourmis. Les cailles sont encore plus faciles à élever. Les faisans réclament plus d'attention, plus de soins. L'élevage des pintades est plus facile ; on n'a pas même besoin de leur donner des œufs de fourmis, du moment où les pintadeaux sont conduits par leur mère dans les champs, où ils trouvent des insectes.

On comprend d'ailleurs qu'il est difficile de prescrire des règles fixes pour l'élevage des oiseaux. Chacun doit observer ses élèves et modifier le régime suivant les circonstances. Par un temps chaud et sec, les petits viennent mieux ; on peut supprimer plus tôt les œufs de fourmis. Quand le temps redevient pluvieux, on est souvent obligé de recourir provisoirement à une nourriture spéciale qu'on avait cru pouvoir abandonner.

L'époque de la mue est également critique ; c'est celle pendant laquelle les colins ou perdrix de la Californie courent les plus grands dangers. Elle a lieu pour eux à l'âge de deux à trois mois et réclame le retour à l'usage des œufs de fourmis.

Pour séparer les fourmis de leurs œufs, on passe

sur la masse une toile d'emballage, à cinq ou six reprises, en agitant chaque fois la toile à l'écart, pour la débarrasser des fourmis qui s'y attachent. Bien des personnes se contentent de les passer au four, et il ne parait pas que la chaleur, en faisant périr les fourmis, altère sensiblement la qualité des œufs. Au surplus, les fourmis mortes contribuent, aussi bien que les œufs, à nourrir les jeunes oiseaux. Il n'est pas indispensable de se procurer tous les jours des œufs de fourmis frais, ils se conservent très bien trois, quatre et cinq jours.

Les asticos peuvent remplacer les œufs de fourmis, moyennant une préparation, un nettoyage assez compliqué à défaut duquel ils constitueraient une nourriture dangereuse, à cause du résidu noirâtre qui les accompagne.

Les vers de terre, dont les poules sont si friandes, et que les grands faisans recherchent également avec avidité, ne conviennent pas aux faisandeaux ; pour peu qu'ils en abusent, ils sont atteints de diarrhée.

A l'état sauvage, les faisans, perdrix, coqs de bruyère, etc, mangent des céréales tant que la neige ne couvre pas les champs ; et même, quand la couche de neige n'est pas trop forte, ils grattent jusqu'à ce qu'ils arrivent sur la terre.

A défaut de graines, tous ces oiseaux se nourrissent facilement de feuilles ; ils s'attachent de préférence aux jeunes semences. Par les plus gros froids, quand le sol est durci par la gelée et perdu sous les neiges, les perdrix souffrent beaucoup, mais les faisans, les coqs de bruyères et les gélinottes trouvent encore quelque nourriture sur les arbres, ils mangent des baies de genièvre et d'aubépine, de la faine, de la graine d'absinthe, des glands, etc.

La pureté et la fraicheur de l'eau contribuent pour beaucoup à la santé de ces animaux. Ceux qu'on élève contractent volontiers la pépie, lorsqu'on n'a pas soin de renouveler fréquemment leur boisson. Quand ils sont atteints de cette maladie, ils ont la bouche tapissée d'une fausse membrane qui épaissit la langue et gêne la respiration. Les fermières traitent cette maladie par un procédé mécanique qui consiste à gratter la langue de l'oiseau malade pour enlever la peau qui la recouvre. Elles renouvellent cette opération quand la chose leur paraît nécessaire, et chaque fois qu'elles ont opéré, elles badigeonnent la cavité buccale du patient avec du vinaigre ou de l'eau de-vie.

Après avoir examiné les oiseaux au point de vue de l'alimentation et des organes digestifs, nous sommes amené à parler de l'habitation. Encore bien que les oiseaux soient chez eux partout où l'air est libre, et que leur demeure soit illimitée comme l'espace, ils choisissent, ceux-ci les sites les plus capables de les abriter, ceux-là, les points culminants d'où ils peuvent guetter leur proie ou surveiller les mouvements de l'ennemi. Le coq de bruyère hante les fourrés sur les montagnes, tandis que le faisan recherche les bois en plaine et le voisinage des cours d'eau. Les oiseaux nocturnes se cachent pendant le jour dans les creux d'arbres ou dans les vieux bâtiments. Les oiseaux aquatiques se tiennent toujours plus ou moins rapprochés des cours d'eau. Les échassiers ne quittent pour ainsi dire jamais la vase. Certains rapaces fréquentent les rochers élevés et ne s'abattent sur la plaine que pour faire une victime.

Le lieu où ils ont fixé leur demeure est celui qui verra naître leur postérité. L'aigle établit son aire sur une plate-forme ; il y apporte de volumineux matériaux, des débris de bois de toutes grosseurs et des branchages qu'il enchevêtre avec plus de solidité que d'art. Sur cet amas de végétaux, la jeune famille sera repue de chairs palpitantes, et avant que les aiglons soient en état de prendre leur vol, la charpente ligneuse qui les porte sera encombrée d'ossements et de débris sanguinolents.

Le nid du vautour, construit d'après les mêmes règles que celui de l'aigle, donne l'image du ménage le plus mal tenu. On y trouve deux ou trois petits dégoûtants de malpropreté, ensevelis dans une masse de charognes et de débris infects. Ils prospèrent au sein d'une atmosphère pernicieuse et sans odeur déterminée, ou plutôt résultante de toutes les mauvaises odeurs. Ils échappent à tous les dégoûts, ignorent toutes les répugnances.

La chouette, le chat-huant et leurs congénères nichent dans les arbres creux ou dans les trous des rochers ou des vieilles murailles. Les petits sont élevés à l'ombre, et un beau jour, ou plutôt une belle nuit les parents les attirent au dehors pour leur apprendre à voler et faire la chasse aux petits oiseaux et aux insectes.

La perdrix, la caille, le faisan et d'autres gallinacés se contentent de gratter la terre sur un point qui échappe aux inondations. Dès que les petits sont éclos, ils courent ; quelques uns même emportent derrière eux une portion de la coquille.

Le ramier et la tourterelle appliquent sans beaucoup de façon quelques brindilles sur une grosse branche. Sur cette espèce de lit de camp, deux petits viendront à merveille.

La pie construit d'après les règles de l'architecture. Son nid est une sphère composée de buchettes. La moitié supérieure est à claire-voie, destinée à abriter toute la famille contre la pluie et le vent. Le segment inférieur est très-épais, tapissé à l'intérieur de matériaux délicats. Une ouverture latérale permet aux propriétaires de l'édifice d'entrer et de sortir à volonté.

Le bec fin pouillot construit son nid sur le flanc d'un chêne, avec un art admirable. Il lui donne l'aspect et la couleur du tronc de l'arbre, par le choix de la matière, et le cache de la sorte à la vue de ses ennemis.

La plupart des oiseaux garnissent le berceau de leurs enfants avec des substances molles ou avec un duvet moëlleux qu'ils arrachent de leur poitrine. L'*édredon* n'est pas autre chose que le duvet dont un canard appelé *eider* se dépouille au profit de sa progéniture.

Il existe dans l'Inde un petit oiseau appelé baya, assez semblable à nos bouvreuils. Son nid représente une bouteille suspendue à une branche tellement fine et flexible qu'il n'y a pas de singe ou d'écureuil assez souple pour l'atteindre. L'entrée en est placée en dessous, et l'oiseau ne peut y parvenir qu'en volant.

Un autre petit oiseau de l'Orient, le *sylvia sutoria* cueille du coton sur le cotonnier même, il le file avec son bec et ses pattes; avec le coton il coud ensemble les feuilles qui entourent son nid et le dérobe ainsi aux regards des animaux.

Le républicain est un oiseau qui vit en troupes nombreuses, au cap de Bonne-Espérance. Chaque bande construit sur un arbre une vaste toiture. C'est dans les replis mêmes de cette toiture commune que la colonie tout entière se loge, à l'instar des abeilles.

Certains oiseaux ne se donnent pas la peine de faire un nid. Le hibou trouve commode de déposer ses œufs dans de vieux nids de pies ou de buses La femelle du coucou, à l'instar de beaucoup de femmes, et sans avoir les mêmes raisons, met ses enfants en nourrice. Elle dépose chacun de ses œufs dans le nid d'un oiseau insectivore; et lorsque le petit intrus a percé sa coquille, il se montre aussi barbare qu'ingrat et jette au dehors ses frères de lit. Puis, quand ses parents nourriciers l'ont bien choyé, quand il peut se passer d'eux, il les quitte comme un mauvais fils, sans égard pour leur chagrin. Telle mère, tel fils.

Quelques espèces d'oiseaux construisent encore

des nids quand ils sont en captivité, mais l'absence de matériaux et d'un emplacement convenable, jointe peut-être à un affaiblissement des facultés instinctives, les empêche de bâtir avec art. Toutefois ils se livrent à cette édification avec le même entrain qu'à l'état libre ; l'épisode de leurs amours se déroule au naturel sous les yeux du célibataire dont il égaie la solitude et de la douairière dont il ravive les souvenirs.

Tous les oiseaux sont dépourvus de mamelles pour nourrir leurs petits. Ils sont ovipares, pondent des œufs qu'ils couvent un temps plus ou moins long pour les faire éclore. La chaleur du soleil suffit même pour faire éclore les œufs de quelques espèces d'oiseaux dans les régions intertropicales.

La ponte n'a généralement lieu qu'une fois par an, sauf en domesticité. Le nombre des œufs est plus considérable chez les petites espèces que chez les grandes : l'aigle ne pond qu'un ou deux œufs ; la mésange et le roitelet, quinze à vingt ; les paons n'en font que cinq ou six ; les perdrix et les cailles quinze, dix-huit, vingt et au-delà. Le ramier et la tourterelle ne pondent que deux œufs, sans doute parce qu'ils doivent chercher la nourriture de leurs petits, tandis que les gallinacés, comme la perdrix et la caille, promènent à travers champs leurs petits qui sont à même de manger seuls dès leur naissance.

Les mœurs des oiseaux captifs se gâtent ; la plupart des mâles deviennent libertins et ne s'occupent aucunement de l'incubation. Un coq de basse-cour suffit pour protéger douze à quinze poules, et une bonne poule peut produire cent œufs depuis le printemps jusqu'à l'automne. Dans l'état naturel, le coq et la poule sauvage ne produisent pas davantage que les cailles et les perdrix.

Les faisandiers donnent jusqu'à sept poules à un seul faisan ; ils obtiennent ainsi beaucoup d'œufs, et l'on sait qne les œufs de faisans font l'objet d'un commerce considérable ; la faisanderie de M. de Rotschild en exporte annuellement des milliers.

L'éleveur qui tient à avoir de bons œufs ne donne que deux ou trois faisanes à un coq. Une bonne faisane ordinaire, ou de l'Inde, pond jusqu'à 50 œufs, du mois d'avril [au mois de juillet ; une faisane argentée n'en fait guère que 20 à 25, et une dorée environ 30.

Les premiers œufs sont toujours les meilleurs, ils éclosent presque tous. Les œufs pondus dans la seconde moitié de mai sont déjà en partie clairs ; ceux du mois de juin n'ont plus guère de valeur.

Les perdrix et les cailles s'apparient et s'accouplent rarement à l'état domestique ; dans tous les cas, les œufs sont clairs et elles ne les couvent pas.

Le poids moyen d'un œuf de poule ordinaire est de 55 grammes environ ; sa forme, qu'il est inutile de décrire, sert de type, et les objets qui lui ressemblent sont dits ovoïdes. L'œuf des oiseaux se compose d'une coquille, d'une membrane sous-jacente, du blanc ou albumen, enfin du jaune, qui renferme le germe. Ces trois portions, blanc, jaune et germe, sont unies entres elles par un ensemble de canaux ou vaisseaux qu'on nomme les chalazes.

La coquille est presque exclusivement composée de carbonate de chaux ; on y trouve de petites portions de phosphate de chaux, avec des parcelles de soufre et des traces de sels magnétiques. Elle est plus ou moins épaisse suivant les espèces, mais dans tous les cas perforée d'une multitude d'ouvertures ou pores qui empêchent la conservation des œufs, parce qu'ils rendent leur substance intérieure accessible à l'air qui ne tarde pas à en évaporer une partie et altérer le reste.

Pour conserver aux œufs toutes leurs qualités, on cherche à empêcher cette transpiration, au moyen d'une matière grasse dont on les enduit, ou avec des pâtes, du son, du lait de chaux ; dans toutes ces matières, les œufs peuvent séjourner plus ou moins longtemps et restent bons à manger et même susceptibles d'incubation.

La pellicule blanchâtre placée au-dessous de la coquille se nomme *vitelline ;* elle sépare en quelque sorte l'œuf proprement dit de son enveloppe.

L'albumine comprend une grande partie de l'œuf, elle est translucide, jaune verdâtre comme le petit lait, concrescible par la chaleur et les acides. Elle est précieuse comme comestible et comme antidote des sels de mercure et de cuivre ; mais ses usages ne se bornent pas là : on l'emploie pour clarifier les liquides et elle sert même en chirurgie comme moyen adhésif, pour certains bandages auxquels elle donne, en se desséchant, une grande solidité. Enfin, elle a la propriété de fixer les couleurs sur les étoffes.

Le jaune est globuleux, d'une couleur jaune de soufre, renfermant dans sa substance une matière grasse connue sous le nom d'huile d'œuf, et du soufre. La substance du jaune d'œuf est riche en azote ; elle contribue, avec le blanc, à faire de l'œuf un des aliments qui renferment le plus de parties assimilables. Sous un petit volume, l'œuf fournit une nutrition complète, non laborieuse, presque sans résidus excrémentiels. L'huile d'œuf s'obtient en torréfiant le jaune sur une poële et exprimant ensuite. C'est un médicament très-adoucissant qu'on emploie contre les crevasses du sein.

Il se produit annuellement en France quatre millions d'œufs, ce qui ferait une consommation de 114 œufs par individu si nos voisins les Anglais n'en absorbaient une bonne partie.

Excepté pendant la mue, qui dure environ six semaines, les poules pondent indifféremment toute l'année, pourvu qu'ellesaient chaud et qu'elles soient bien nourries. Une bonne poule pond presque tous les jours. On prétend qu'il y a à Malaga et dans quelques pays des poules qui pondent deux fois par jour. Cela se voit même chez nous, mais très-exceptionnellement.

Après la ponte, les oiseaux se livrent à l'incubation. Pendant l'incubation, la température du corps s'élève, et à la faveur d'une chaleur d'environ 40e centigr.

toujours soutenue dès le premier jour, le germe se développe. Bientôt de petits vaisseaux s'organisent sous l'apparence de petits points rouges et se dirigent tous sur un point principal, *punctum saliens*, qui est le cœur. Avec le temps, les différentes parties de l'animal se dessinent, les yeux, la tête, les ailes, etc.

Ce développement a lieu aux dépens de l'albumine, qui disparaît incessamment. Le jaune, à peu près intact, ne cesse pas d'adhérer à l'oiseau par le moyen des chalazes qui l'entourent; mais lorsque les différentes parties du jeune oiseau sont bien formées, le jaune rentre peu à peu dans l'intérieur du corps, par la rétraction des chalazes, et quand il a disparu entièrement, l'oiseau est complet. On peut l'entendre piauler dans sa prison; il la *pioche* à l'aide d'un tubercule dur et corné dont est munie l'extrémité de son bec.

On prétend qu'il a quelquefois besoin de ses parents pour sa délivrance. Il est vrai qu'il ne parvient pas toujours à se délivrer, et bien des petits oiseaux meurent emprisonnés; mais dans aucun cas les parents ne viennent à leur secours. La main de l'homme sauve des petits poulets, des faisandeaux, mais la nature n'a pas donné aux parents des oiseaux l'instinct de les secourir dans leur laborieuse naissance.

L'incubation est pour les oiseaux un puissant besoin, une sorte de fièvre. Des poules et même des faisanes à qui on retire leurs œufs persistent à couver, elles semblent ne pas reconnaître les œufs qu'elles ont pondus et couvent de la meilleure grâce des œufs étrangers. La poule couve souvent des œufs de canne et de perdrix, et le caprice des amateurs a déjà fait éclore ceux de la poule sous les pigeons.

Dans beaucoup d'espèces, le mâle partage les soins de l'incubation, et dans tous les cas, il pourvoit aux besoins de la famille.

Le père vole au loin, cherchant dans la campagne
Des vivres qu'il apporte à sa tendre compagne ;
Et la tranquille mère, attendant son secours,
Echauffe dans son sein le fruit de leurs amours.

Lorsque les petits sont éclos, cette tendre mère prodigue ses soins à sa chère couvée ; elle les invite à s'abriter sous ses ailes contre le froid et la pluie, elle choisit leur nourriture et les appelle avec joie pour goûter sa trouvaille, ou bien elle dégorge dans leur gosier des aliments moitié digérés. Elle guide leurs pas, veille sans relâche à leur sûreté et déploie, pour les sauver du danger, toutes les ressources du plus sublime dévouement. La sollicitude des parents pour leurs petits semble en certains cas exalter leur intelligence : c'est elle qui inspire la perdrix lorsqu'elle fuit, l'aile pendante, et attire le chasseur loin de ses jeunes poussins trop faibles encore pour la suivre.

Que l'on abandonne dans les champs des poules avec leurs couvées, au bout de quelques jours tout sera dévoré par les renards. Ces infatigables maraudeurs sont pourvus d'un excellent nez qui leur sert à découvrir aisément les compagnies de jeunes perdreaux.

Cependant, ne craignez rien, chasseur : toute cette famille qui doit faire la source de vos plaisirs va échapper au danger. Voyez ! pendant que le renard, le nez au vent, le cou tendu, évente les volatiles qui font l'objet de sa convoitise, l'œil vigilant de la perdrix a découvert le sournois visiteur, et avant qu'il ait pris son élan pour fondre sur sa proie, elle s'enlève à un mètre du sol et s'éloigne si lentement, qu'en deux bonds maître renard l'a rejointe. A tout moment il croit happer la fuyarde et s'écarte de plus en plus des petits perdreaux.

Cependant ceux-ci, au cri d'alarme poussé par leur mère, se sont dispersés en toute hâte, fuyant dans toutes les directions et glissant sous l'herbe comme des lézards. Quand l'ennemi, fatigué de poursuivre un insaisissable butin, reviendra sur ses pas pour examiner le théâtre de sa déception, il flairera en vain : les petits perdreaux ne volent pas, mais ils courent vite ; déjà ils sont éloignés et, rassurés, se retranchent dans un lacis d'herbages où l'œil attentif de l'ennemi ne peut les découvrir.

Voilà comment il se fait qu'à l'ouverture de la chasse nous trouvons de belles compagnies de perdreaux. Si la perdrix était aussi maladroite pour protéger ses petits que nous sommes insouciants pour détruire les renards, le chien d'arrêt deviendrait, en moins de deux ans, tout-à-fait inutile.

On reconnait aux oiseaux un instinct étonnant

sous le rapport de l'éducation ; les oiseleurs obtiennent de leurs élèves une foule de choses qui attestent une intelligente docilité.

Mais l'éducation les pervertit, examinons-les plutôt au naturel.

A ce point de vue, ils nous paraissent jouir d'une grande disposition à l'amour. A la saison où ce sentiment renaît, ils chantent sans relâche. Pour eux, la voix est une faculté dont l'exercice est extrêmement facile et nullement fatigant ; et, comme dit Buffon, ce ne sont pas les femelles (comme on pourrait le croire) qui abusent le plus de cet organe. Dans la classe des oiseaux, les femelles sont silencieuses ; le mâle dit à sa fiancée toutes sortes de choses tendres, dans un langage que nous admirons sans le comprendre. Sa voix se ressent des émotions du cœur, elle éclate en gammes harmonieuses ; ses accents amoureux réjouissent sa compagne et égaient la nature.

Les oiseaux, dans leurs amours, pourraient servir d'exemple à tous les mammifères, sans excepter l'homme. Chez eux l'amour est rarement un sentiment égoïste ; ils ont plus de tendresse et d'attachement qu'aucune espèce animale. Ils contractent un mariage moral durant lequel chacun des époux prend sa part des charges de la communauté. Ils s'occupent ensemble de la construction du nid, partagent les mêmes soins, les mêmes inquiétudes, et quand leurs enfants viennent à naître, un nouveau sentiment resserre leurs liens. « Ce qui prouve que ce mariage et ce moral d'amour n'est produit que par la nécessité d'un travail commun, c'est que ceux qui ne font point de nids ne se marient point et se mêlent indifféremment. Toutes les commodités que l'homme fournit aux oiseaux de basse-cour les dispensent des travaux, des soins et des inquiétudes que les autres ressentent et partagent en commun ; il en résulte les premiers effets du luxe et les maux de l'opulence, *libertinage et paresse.* »

L'époque de l'amour rend les oiseaux moins sauvages ou moins défiants. Rien n'est plus difficile à approcher que le coq de bruyère ; mais quand il est en amour, quand il chante pour appeler les poules, le braconnier qui entend ce cri de rappel y obéit comme s'il lui était adressé. Il s'approche pendant que l'animal s'étourdit de sa voix retentissante, et à force d'avancer à la faveur du bruit, il finit par se trouver à portée du chanteur. On prétend même que celui-ci ne s'émeut pas de la présence du chasseur, parceque l'amour le rend aveugle. L'auteur du discours sur la nature des oiseaux dit malicieusement que le coq de bruyère n'est pas plus aveugle que ne le sont en pareille circonstance presque tous les animaux, y compris l'homme.

La caille femelle rappelle d'une voix très-faible. Cependant, le mâle l'entend de fort loin, il accourt avec tant de précipitation qu'il donne tête baissée dans les filets de l'oiseleur. Son ardeur est telle que quand il est arrivé en volant jusque sur l'homme qui tend le piége, et qu'il a reconnu l'embûche, il se retire à une petite distance et continue de répondre à l'appeau. Il n'avance plus, mais le *cri cri* d'une femelle imaginaire a encore le pouvoir de séduire son oreille. Ce fait ne prouve pas en faveur de la moralité de l'espèce.

Pour nous dédommager, parlons de la tourterelle dont la tendresse est proverbiale, ainsi que la fidélité. Cette éminente qualité paraît être l'apanage de la famille des pigeons. Cependant, il n'y a pas de régle sans exceptions ; en voici une que nous donnons telle que nous l'a racontée un amateur de pigeons.

Un jour, dit-il, j'augmentai l'effectif de mon pigeonnier d'une magnifique colombe. Sur le champ ma nouvelle pensionnaire fut chaleureusement courtisée par un mari peu scrupuleux, en présence de son infortunée compagne. Pourquoi insister sur la suite scandaleuse de cette histoire ? toute la gent pigeonnière fondit sur le couple pervers, et ainsi l'honneur de l'espèce fut sauvé.

Buffon résume ainsi les vertus sociales et conjugales des pigeons : « L'amour de la société, l'attachement à leurs semblables, la douceur des mœurs ; la chasteté, c'est-à-dire la fidélité réciproque, et l'amour sans partage du mâle et de la femelle ; la propreté, le soin de soi-même, qui suppose l'envie de plaire ; l'art de se donner des grâces, qui le suppose encore plus, les caresses tendres, les mouvements plus doux, les baisers timides, etc. (*nous disons etc. pour cause*) ; un feu toujours durable, un goût toujours constant (*deuxième etc.*) ; nulle humeur, nul dégoût, nulle querelle ; tout le temps de la vie employé au service de l'amour et au soin de ses fruits ; toutes les fonctions pénibles égalements réparties ; le mâle aimant assez pour les partager et même se charger des soins maternels, couvant régulièrement à son tour et les œufs et les petits, pour en épargner la peine à sa compagne, pour mettre entre elle et lui cette égalité dont dépend le bonheur de toute union durable : quels modèles pour l'homme, s'il pouvait ou savait les imiter ! »

Vous comprenez, lecteurs, que nous ne prenons pas la responsabilité de cette tirade, y compris les et cœtéra. Les hommes sont plus portés à admirer les mœurs des pigeons qu'à les imiter ; ils passent plus utilement leur temps à fonder leur fortune qu'à aider leurs femmes à débarbouiller les enfants, à faire la lessive ou à surveiller le pot au feu. La postérité pardonne aisément à l'immortel naturaliste son style élégiaque ; mais si nous avions la fantaisie de l'imiter, nos concitoyens nous accableraient généreusement de leurs sarcasmes.

Jusqu'ici nous avons reconnu dans l'oiseau un architecte habile, un père dévoué. Nous allons payer un court tribut d'admiration à l'instinct surprenant des migrations, qui le pousse des régions froides vers les pays chauds, et *vice versâ*, suivant les saisons.

Ces voyages périodiques s'accomplissent vers le retour des équinoxes. Alors les oiseaux sont tourmentés d'un violent désir de se déplacer ; si on les retient captifs, ils font des efforts incroyables pour se délivrer, malgré l'air chaud et la bonne nourriture que la prévoyance de l'homme leur a dispensés. Très-souvent ils se tuent dans leurs tentatives désespérées, d'autres fois ils meurent de nostalgie.

Les perdrix rouges se laissent parfaitement élever dans les parcs, mais quand elles ont atteint leur développement, il leur faut de la liberté ; si on les retient captives, elles languissent et finissent par mourir.

Semblables aux gens riches, les oiseaux ont deux patries, et quand l'automne succède aux beaux jours d'été, ils disent adieu à nos campagnes et se retirent dans leurs foyers.

Cependant, que d'infortunés voyageurs périssent dans le trajet! Les cailles, si lourdes et si grasses quand elles abandonnent nos sillons, prennent leur essor sur les bords de la Méditerranée, par un vent favorable ; mais bientôt épuisées par la fatigue, elles s'abattent sur les navires ou tombent à la surface de la mer.

Se relèvent-elles ? Personne n'est en mesure de rien affirmer à ce sujet, mais on peut supposer qu'un grand nombre d'entre elles, après s'être un peu reposées, parviennent à reprendre leur vol. Elles sont incapables de franchir d'un seul vol plusieurs centaines de lieues ; il faut bien admettre qu'elles font quelques temps d'arrêt.

On les voit passer à Malte au mois de mai, et repasser au mois de septembre. Sur nos côtes opposées d'Afrique, on en fait une chasse très-abondante.

A l'automne, on en prend tellement, à l'île de Caprée, que l'évêque de l'Ile, qui percevait le produit de cette chasse, a été longtemps appelé *l'évêque des cailles*. Sur les côtes occidentales du royaume de Naples, elles arrivent en quantité si prodigieuse qu'aux environs de Nettuno, sur une étendue de côte de quatre à cinq milles, on en prend usqu'à cent milliers dans un jour. C'est la source d'un commerce considérable. Elles arrivent tellement fatiguées qu'on les prend souvent à la main. Aussi les chasseurs de nos pays remarquent avec peine que la caille devient chaque année plus rare.

A l'époque du départ, la plupart des espèces d'oiseaux se réunissent en troupes considérables qui s'élèvent dans le ciel comme pour reconnaître au loin la route qu'elles ont à suivre ; mais qu'un accident arrête un seul individu de la bande, et toute cette immense caravane, suspendant l'heure du départ, tentera par mille moyens la délivrance d'un de ses membres.

Des milliers de personnes ont un jour vu, à Paris, une troupe inombrable d'hirondelles émigrantes jeter des cris et effleurer en volant le fil cruel qui retenait une de leurs compagnes. Après bien des efforts le lien fut rompu et tout le monde se mit joyeusement en route.

Tous les oiseaux voyagent avec ordre. Plusieurs espèces aquatiques s'alignent et forment un angle. Le chef de file, placé au sommet, porte les premiers coups à la résistance de l'air ; lorsqu'il est fatigué, il se porte à l'extrémité de la ligne. Celui qui le suivait le remplace, et tous ont successivement l'honneur de diriger la troupe.

Une autre circonstance qui, dans les migrations des oiseaux, étonne et confond les observateurs, c'est la facilité avec laquelle ils retrouvent les lieux qu'ils ont habités.

Ils possèdent sous ce rapport un tact dont les savants ne peuvent se rendre compte. Comment s'expliquer qu'une hirondelle venue de par delà les mers, à travers toute l'Europe, se dirige en droite ligne sur la ville où elle est née, sous le toit et derrière la poutre qui ont abrité son enfance ?

Cependant le fait existe, il est prouvé par de nombreuses expériences qui ont consisté à attacher à la patte des hirondelles des petits rubans ou des cordons de soie pour constater leur identité. Spallanzani a vu pendant dix-huit années consécutives les mêmes couples d'hirondelles revenir à leur ancien nid. Le physiologiste italien a fait emporter de Pavie une couveuse renfermée dans une cage ; on l'a mise en liberté à Milan, et au bout de treize minutes elle se retrouvait sur ses petits, à Pavie.

Si nous admirons le merveilleux instinct de l'oiseau qui retrouve les lieux qui l'ont vu naître, que dirons-nous du pigeon voyageur ou de l'hirondelle qu'on a transportés dans des paniers bien fermés à des centaines de lieux de leurs nids et qui, mis en liberté, n'hésitent pas à prendre la route qui doit les ramener au point de départ ?

Ils ne peuvent être guidés ni par l'odorat ni par la vue ; ils se dirigent en vertu d'une faculté sur la nature de laquelle nous ne pouvons pas même faire de conjectures.

Il y a un ordre d'oiseaux dans lequel nous trouvons des mœurs toutes particulières, c'est celui des Rapaces. Ils habitent volontiers les lieux solitaires et ne vivent généralement pas en groupes. Chassant toujours et vivant du fruit de ses rapines, chaque individu adopte un cantonnement. La jalousie des chasseurs est proverbiale ; l'oiseau de proie n'en est pas plus exempt que l'homme.

L'appétit de la chair rend les rapaces féroces et altère chez eux le sentiment de la paternité. Ils sont pressés de se débarrasser de leur progéniture affamée, ils entendent avec impatience les cris de leurs insatiables enfants, les expulsent même avant qu'ils soient grands et en tuent quelquefois un pour réduire le nombre des consommateurs.

Quand ils ont congédié leurs petits, ils les considèrent comme des rivaux et ne les souffrent même pas sur leur district. Ne plaignons pas ces jeunes déshérités, ils ne se comportent pas de manière à satisfaire leurs parents : les aiglons du grand aigle et du pyrargue sont en lutte constante pour avoir le meilleur morceau et la meilleure place dans le nid, si bien que l'aigle, plus sévère encore que Brutus qui livra son fils aux licteurs, donne lui-même la mort à un de ses enfants pour rétablir la paix au logis.

Malgré leur naturel farouche, les oiseaux de proie

se laissent priver, et même dresser pour la chasse. On choisit dans ce but les espèces les plus courageuses. L'épervier est assez docile, on le dresse pour la chasse des perdreaux et des cailles ; il prend des pigeons isolés et détruit pendant l'hiver énormément de pinsons et d'autres petits oiseaux. On élève le faucon pour le plaisir des princes. On dompte leur naturel féroce (des faucons) par les privations. On les force à gagner pièce par pièce leur subsistance. Ils obéissent en esclaves, pour acheter leur vie.

Le faucon tombe perpendiculairement sur sa proie ; il est non seulement courageux, mais encore très-fort eu égard à son volume qui n'excède pas celui d'une poule.

L'émerillon se rapproche du faucon par l'audace.

La pie-grièche, quoique petite, est sanguinaire et entreprenante. Elle ne craint pas de combattre les pies, les geais, les corneilles, et les force souvent à fuir. La pie-grièche est le bouledogue de l'espèce ; elle s'attache avec fureur à de grands ennemis qui finissent quelquefois par mourir avec elle dans une chute commune. Aussi les corbeaux, les buses, les milans la respectent et paraissent la fuir. La pie-grièche, qui n'est pas plus grosse qu'une alouette, supplée à la force par la hardiesse ; elle prend des perdreaux, des grives, des merles auxquels elle crève les yeux avec son bec. Comme naturaliste, on peut l'admirer ; comme chasseur, on doit la détruire.

Les oiseaux de proie nocturnes ne prennent leur vol que pendant le crépuscule. Ils ont des couleurs sombres et le plumage moëlleux ; leurs ailes frappent l'air sans bruit et ils surprennent aisément les oiseaux et les petits animaux endormis ou sur le point de s'endormir. La lune, dont les rayons indiscrets gênent toutes les expéditions illégitimes, est l'auxiliaire des oiseaux de proie nocturnes. Les nuits où elle brille leur garantissent le plaisir et l'abondance.

Leur vue est organisée pour soutenir des rayons lumineux faibles ; il est inutile d'introduire la lumière dans un nid de hiboux, elle n'est pas faite pour eux. Sous ce rapport, combien d'hommes sont hiboux !

Quand, pour une cause quelconque, les oiseaux nocturnes sont forcés de sortir de leur retraite pendant le jour, ils sont tellement embarrassés et maladroits que les autres oiseaux qui s'en aperçoivent viennent les entourer et les insulter : geais, grives, merles, pinsons, rouge-gorges, mésanges viennent jouir de l'air ridicule du rapace égaré, l'assaillent et le frappent sans trouver de résistance, le huent et l'outragent à l'envi.

Cependant, il arrive que la gent ailée, entendant la voix d'un oiseau de proie nocturne, arrive en toute hâte pour renouveler une scène de moquerie sans dangers. Hélas ! il se trouve par hasard que le rapace appartient à l'espèce humaine ; la hutte qui l'abrite est environnée de perfides gluaux, et en peu de temps de nombreuses victimes passent dans sa gibecière.

Tel est l'art de la pipée. Les philosophes trouvent que, pendant que le nombre des oiseaux diminue, l'homme exerce de plus en plus cet art spécial sur ses semblables.

Il serait curieux de comparer les mœurs des oiseaux à celles de l'espèce humaine. Avec l'esprit de Toussenel il y aurait là matière à créer de délicieux tableaux. Sans nous engager dans une entreprise qui serait au dessus de nos forces, nous nous contenterons de rappeler sommairement les expressions allégoriques les plus usuelles empruntées à l'ornithologie.

De nos jours la calomnie s'est attachée à l'oie. On a attaqué ce palmipède au physique et au moral, témoin cette expression « *bête comme une oie* » et ce surnom d'*alouette de cordonnier*, surnom infligé à une de nos volailles les plus succulentes et — osons le dire — les plus fines, sinon les plus délicates. Si ce surnom recèle un compliment à l'adresse de Saint Crépin, nous n'y voyons pas de mal ; mais s'il faut y voir la critique de l'oie, en tant que comestible, nous protestons ouvertement. Cependant l'oie, qui est si bonne à manger, est-elle aussi bête qu'on le prétend? A moins de professer un optimisme ridicule, il faut convenir qu'elle n'a pas un air très-spirituel ; ce qui n'empêche qu'il y a de bonnes raisons pour croire qu'elle n'est pas aussi bête qu'elle le paraît, contrairement à bien des gens. En effet, tous les actes de sa vie annoncent un certain degré d'intelligence. On admire toujours l'ordre et la tactique qui président aux migrations des troupes d'oie, et surtout la vigilance exemplaire qui les protége dans les moments de repos. Chacun sait que Rome fut sauvée par les oies du Capitole. Columelle recommandait les oies comme les meilleures gardiennes de la ferme. Végèce les préconisait comme les sentinelles les plus sûres pour avertir une ville assiégée.

Que l'on attaque les *canards*, à la bonne heure ! Ils font assez de bruit dans le monde, et surtout assez de mal pour ne pas craindre de faire leur procès. Dans toutes les petites villes le cancan règne despotiquement; les localités les moins populeuses jouissent d'une véritable spécialité pour l'élevage du canard. Il n'est point question du canard commun, ni du canard musqué, ni du canard de Normandie, ni du canard huppé. Il s'agit d'une variété colossale qui naît dans l'ombre; on ne se préoccupe aucunement, en ce qui concerne ce canard, de la question de paternité; c'est un orphelin que le public accueille avec empressement, un enfant trouvé que tout le monde soigne tellement bien, qu'il grandit rapidement et ne tarde pas à acquérir un embonpoint excessif. Dans une bourgade quelconque, il y a toujours un canard en faveur; il vit peu de temps comme la rose de Malherbe, mais il est vite remplacé et son successeur, à son tour, ne tarde pas à tomber à l'eau, ce qui est une fin toute naturelle pour un oiseau aquatique.

Les *canards* font très-souvent leur couvée dans les journaux. Au moment de la ponte, la mère dépose ses œufs dans les colonnes d'une feuille politique ; mais elle s'abstient de les couver, dans la conviction que les abonnés leur communiqueront assez de chaleur pour les faire éclore. Toutefois, le canard de journal est d'une espèce généralement inoffensive ; il se contente ordinairement de faire beaucoup de fruit sans nuire à personne. Par exemple, c'est un fin voilier ; en moins de 24 heures il parcourt presque tout un grand pays comme la France. Transporté loin des lieux qui l'ont vu naître, il sort du domaine des applications personnelles et fait rire tout le monde sans blesser personne. Heureux canard qui rencontre partout des amis rien que des amis !

Les personnes qui vont dans le monde savent que, si les *aigles* sont rares, les *paons* sont communs et surtout que l'espèce la plus répandue est celle du *geai* paré des plumes du paon. On rencontre çà et là un *coq imp*arfait, on trouve quelques *pie-grièches*, des *bécasses* et des *buses* en plus grand nombre, et il faut surtout s'armer de patience pour écouter les discours d'une foule de *perroquets*. Par contre, il est quelquefois donné d'entendre un gai *pinson* qui chante dans son échope, pendant que sa compagne prépare la fameuse soupe aux choux qui réveillera peut-être le palais blasé d'un gourmet. Il serait peut-être imprudent de monter jusqu'à la mansarde où nous pourrions entendre une vieille *pie* bavarde et cancanière ; elle nous raconterait que les temps sont durs, tandis qu'elle entasse secrètement des pièces d'argent et peut-être de l'or dans les profondeurs de sa paillasse. Elle tient son neveu à l'écart ; elle se méfie de ce fin *merle* qu'elle croit capable d'entrer dans son domicile à l'aide de *rossignols*.

Laissons de côté les souverains, les *roitelets*, les *Petits-Ducs* et les *Grands-Ducs* qu'il n'est pas possible de critiquer sans s'exposer à des avertissements. Passons rapidement à côté de la Bourse où s'agitent les *faucons*, les *éperviers*, les *vautours* Accordons un regard de pitié aux *pigeons* que les petites dames savent plumer avec un art infini et, pour terminer cette esquisse, arrêtons nos regards sympathiques sur la famille bonnête où l'on vit heureux dans la médiocrité, sur ce ménage de *tourterelles* où l'amour remplit les cœurs et écarte les soucis de l'ambition.

On établit sans peine une sorte de parallèle entre la classe des oiseaux et celle des mammifères; c'est ce qui ressortira, nous l'espérons, de la fin de cet article.

Les QUADRUMANES et les GRIMPEURS saisissent les objets. Comme les singes, les perroquets se servent de leurs mains pour porter les aliments à la bouche. Ils semblent avoir les mêmes mouvements de tête, de pareilles dispositions à l'imitation ; en un mot, il existe daus les habitudes de ces animaux une similitude frappante, et là, comme toujours, l'organisation est en harmonie avec les mœurs.

Les CARNASSIERS et les RAPACES vivent de chair. Les premiers ont pour armes des crocs et des griffes redoutables; les seconds étreignent leur proie dans des serres puissantes et la déchirent avec un bec tranchant et denté. De part et d'autre le peu de longueur des intestins atteste un régime animal, et certaines espèces sont diurnes, tandis que d'autres chassent la nuit.

A ces dernières la nature a départi, des deux côtés,

une locomobilité peu bruyante : les pattes molles et veloutées du genre chat permettent de surprendre une proie au milieu de son sommeil, et les ailes arrondies du chat-huant le transportent silencieusement vers la retraite des petits oiseaux.

L'aigle est le roi des oiseaux, comme le lion est celui des animaux. L'un et l'autre dédaignent les petits animaux et ne mangent d'autre proie que celles qu'ils conquièrent et mettent à mort eux-mêmes.

Le vautour est, comme le tigre, féroce sans nécessité ; ils sont tous deux cruels.

Le milan, le corbeau, la buse, vivent, au besoin, de chairs corrompues, comme les loups, les hyènes et les chacals. La nécessité seule les fait entrer en guerre.

Les éperviers, les faucons, les pies-grièches chassent comme les chiens et les renards.

Les hérons et les cormorans vivent de poissons, comme les castors et les loutres.

Les Edentés insectivores, tels que le pic fourmilier, ont une langue extensible recouverte d'un enduit auquel adhèrent les petits insectes arrêtés dans leur fuite. Qui ne reconnaît là l'organisation du pic ?

Les Rongeurs, dont les incisives fortes et serrées coupent si aisément les tiges des plantes et l'écorce des arbres, ne trouvent-ils pas leurs représentants chez les Conirostres, dont le bec gros et conique, formé de mandibules solides, casse sans peine les semences et les fruits les plus durs ? De cette manière nous trouvons quelque analogie entre le gros-bec et l'écureuil.

Les Ruminants et les Gallinacés sont voisins par l'organisation. Des deux côtés l'estomac est multiple, et la longueur de l'intestin révèle un régime végétal. Ainsi les paons, les coqs, les dindons, etc. représentent les bœufs, les moutons et autres ruminants.

Comme le cheval, comme le cerf, l'autruche et le casoar, qui ne volent pas, courent avec beaucoup de rapidité. Le casoar notamment égale en vitesse le meilleur coursier.

Sans trop de hardiesse, on peut comparer le canard au porc. Ils sont l'un et l'autre excellents à manger ; rendons-leur cette justice. En revanche, nous ne vanterons pas leurs habitudes ; nous ne pensons pas que l'une des deux espèces le cède en malpropreté à l'autre ni que la comparaison que nous faisons ici, entre les mœurs des deux parties, doive en blesser aucune.

Autre ressemblance générale : comme les mammifères, les oiseaux composent, sous le rapport du volume des individus, une échelle immense. Il y a une infinité de degrés dans les dimensions des animaux, depuis l'éléphant jusqu'au mulet ; de même, les échelons sont nombreux entre l'autruche et l'oiseau-mouche, si petit que des araignées de forte espèce le saisissent dans leurs toiles et en font leur pâture.

Enfin, un phénomène physiologique commun aux mammifères et aux oiseaux est la mue. Les uns et les autres muent généralement deux fois par an, au printemps et à l'automne, et ces époques sont pour eux une période critique durant laquelle il meurt des sujets des deux ordres.

Une fois le danger passé, l'oiseau se voit enrichi de plumes chaudes pour lutter contre les rigueurs de l'hiver, ou d'une robe magnifique pour la belle saison ; car, plus encore que l'âge et le sexe, la saison des amours modifie le plumage. Le t mps de la reproduction est une grande fête pour la nature, et tandis que l'homme se marie au son des violons et au milieu des merveilles de la mode, l'oiseau étale sa brillante parure et entonne ses plus beaux chants à l'époque où les végétaux épanouissent au soleil leurs corolles éclatantes.

Dr. SCHNEIDER.

FIN.

METZ, — IMP. J. MAYER.

www.ingramcontent.com/pod-product-compliance
Ingram Content Group UK Ltd.
Pitfield, Milton Keynes, MK11 3LW, UK
UKHW021501260726
13993UKWH00004B/1521